快手减糖瘦身餐

糖質オフがラクになる！
3ステップで作りおき

3步完成

▶ 日本主妇之友社 著

佟 凡 译

中国轻工业出版社

目录

常备减糖饱腹菜

常备减糖特色菜

Part 3

常备减糖下酒菜

本书使用方法

· 1小勺约为5毫升，1大勺约为15毫升，1杯约为200毫升。

· 火候在没有特别说明时，默认为中火。

· 蔬菜在没有特别说明时，默认为已进行过清洗、去皮的步骤。

· 调味料在没有特别说明时，酱油指浓口酱油，面粉指低筋面粉。胡椒可以根据喜好使用白胡椒或黑胡椒。

· 日式高汤指的是用海带、鲣鱼干、杂鱼干熬制的汤汁。使用购买的成品高汤时请根据包装上的说明使用。成品高汤中含有盐分，需品尝后调整用量。

· 浓汤宝请使用西式玉米浓汤宝，鸡骨浓汤宝使用中式浓汤宝。

· 书中的含糖量及热量指的是1人份时的数值。因为食材存在个体和出产时间的差异，所以会存在少量误差，仅作参考。根据喜好进行食材增减后的含糖量及热量差异不包含在本书数值内。

· Part 2中标注的"普通"含糖量是根据一般菜谱计算出的参考值。

如果能长时间保存，
制作减糖料理就会变得更轻松！

吃足量的肉和高热量的食物也没负担，这就是现在大受欢迎的减糖饮食。但是每天做饭时都要注意减糖会很麻烦，所以推荐能够长时间保存的常备减糖料理，让减糖生活变轻松！

选择能够长时间保存的常备减糖料理的理由

无须每天做饭，生活更轻松！

可以在时间充裕时多做几份，放在冷藏室或冷冻室中。每天做减糖料理会很辛苦，如果能长时间保存，就会让人感到轻松。

用减价时大量购入的食材制作，聪明又节约！

可以在买到特价食材或得到新鲜食材时大量制作。因为做好后可以长时间保存，减糖生活也会变得轻松起来。

早上装进饭盒，出门也能享用减糖便当！

只需要将提前做好的小菜装进饭盒，一份减糖便当就完成了，外出用餐时也能做到控制糖分摄入。

主菜、配菜、主食一应俱全，营养均衡的一餐！

可以长时间保存的减糖料理，种类多种多样。

制作减糖下酒菜，小酌时也能够享用！

含糖量低的酒在减肥时也可以饮用，这就是减糖的优势。小酌时也不要忘记控制下酒菜的含糖量。

让减糖生活变轻松

本书中的"3步常备减糖料理"是什么?

减糖

- 所有菜品的含糖量**不超过10克**
  ※主食、甜点除外
- 所有食谱都会**标注含糖量和热量**

快手

- 所有食谱都可以**在3步以内完成**
- 文字少,**阅读轻松**
- 制作简单,可长时间保存,**缩短每天的做饭时间**

超多常备减糖料理制作窍门

- 常备减糖饱腹菜　　　　Part 1(P9)
- 常备减糖特色菜　　　　Part 2(P41)
- 常备减糖下酒菜　　　　Part 3(P73)

- 可根据口味调整的减糖汤品　(P34)
- 使用方便的减糖酱汁、蘸料、沙拉酱和咸菜、腌菜　(P38、P66)
- 瘦身时也可以尽情享用的减糖主食和零食　(P68、P86)

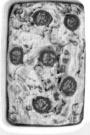

常备减糖料理
为何可以轻松瘦身?

方便且节约！
因为容易坚持，所以容易成功

减糖瘦身时，可以摄入肉类和高热量的食物。尽管如此，每天做饭依然很辛苦。这时，"常备减糖料理"就发挥了作用。时间充裕时，用促销时购买的肉和蔬菜多做一些，既减少了开销，又节省了时间。因为容易坚持，所以容易瘦身成功。

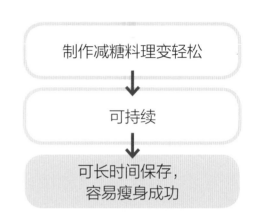

制作减糖料理变轻松

↓

可持续

↓

可长时间保存，
容易瘦身成功

到底何为减糖瘦身?

碳水化合物 — 膳食纤维 ＝ 糖类　从碳水化合物中去掉膳食纤维后，剩下的就是糖类。

从食物中摄取糖类后，血糖值会上升。为了让血糖保持正常值，身体会分泌胰岛素。当糖类摄取过量时，胰岛素会将糖类变成脂肪储存起来，这就是肥胖的重要原因。也就是说，只要控制糖类的摄入，脂肪就不会堆积，身体就不容易发胖。

另外，控制糖类摄入后，会促进储存在体内的脂肪消耗，为身体提供能量。

这就是减糖瘦身的原理。

减糖瘦身的原理

摄取减糖食物

消耗脂肪，为身体提供能量

瘦身！

减糖瘦身时的糖类摄入标准

1 餐 ＝ 20 克以内

1 天 ＝ 60 ~ 70 克

减糖瘦身时不用在意热量，只要含糖量低，甜点也可以尽情享用。糖类摄入量的标准是"1餐20克以内，1天60~70克"。觉得难以实现时可以稍稍增加糖类摄入量，能长时间坚持的减肥方法才更有效果。

※正在接受食疗的读者请遵医嘱。

经受不住美食诱惑怎么办?

减糖的 （诀窍）

进行减糖瘦身时，含糖量高的常规料理通过不同做法也能实现减糖。选取的食材、调味料以及采用的烹饪方法中都存在减糖的诀窍。

想大口吃肉时
↓
（诀窍） 改变面衣材料

几乎所有肉类的含糖量都较低，需要注意的是预处理时或炸肉前使用的面粉和淀粉。

> 用含糖量低的黄豆粉代替面粉和淀粉。

一口香油淋鸡（P83）

想吃味浓的食物时
↓
（诀窍） 使用含糖量低的食材

将含糖量低的黄油和蛋黄酱巧妙地用在炒菜和酱汁中，可以增加醇厚的风味和口感。

> 含糖量低的蛋黄酱和鸡蛋搭配出醇厚的口感。

腌紫甘蓝煎鸡肉配塔塔酱（P20）

想吃特色菜时   → （诀窍） 注意意料之外的陷阱

分类检查各种常规菜品，注意食材选择和调味料的使用方法，实现减糖。

日式料理	西式料理	中式料理	主食
注意调味!	注意汤料和番茄罐头!	注意勾芡和面皮!	含糖量高，要注意摄入量!
煮制和红烧等需大量使用白砂糖和味醂的菜品要多加注意。最好能够控制煮菜中常用的薯、芋类蔬菜和根菜的用量，或者用其他蔬菜代替。	咖喱和浓汤中使用的汤料是用面粉做成的。另外，番茄本身的含糖量高，而且每次的用量都很大，要减少使用番茄罐头。	因为淀粉的含糖量很高，所以要注意需要勾芡的菜品。很受欢迎的饺子和春卷皮原料是面粉，要注意避开。	米饭、面条及粉类食物的含糖量很容易超过每顿饭20克的标准。另外还要加上调味料，所以必须在减量上下功夫。

比普通筑前煮 含糖量减少 75%

白萝卜筑前煮（P49）

比普通汤咖喱 含糖量减少 72%

汤咖喱（P50）

比普通糖醋里脊 含糖量减少 81%

糖醋里脊（P58）

比普通什锦烧 含糖量减少 93%

什锦烧（P68）

常备减糖料理

Q 可以吃主食吗？

 少吃主食即可大幅减少糖类的摄入。

一碗米饭（150克）的含糖量高达55.2克，仅仅是主食就超过了每餐20克的糖类摄入标准。特别想吃主食的时候，可以在早餐或午餐时吃一点儿，从容易实现的减糖饮食开始做起。

米饭 1 碗 （150 克）	切片面包 1 片 （45 克）	熟意大利面 1 份 （190 克）	生荞麦面 1 份 （140 克）
含糖量 **55.2**克	含糖量 **19.9**克	含糖量 **57.6**克	含糖量 **72.5**克

Q 想吃甜食怎么办？

 精心选择甜味剂，自己动手制作。也可以选择市售低糖甜点。

制作甜点时，选择适当的甜味剂并自己动手，吃起来会更放心。比如"罗汉果素（日本的一种无糖甜味剂，原料从罗汉果中萃取）"是一种不影响血糖值的甜味剂，甜度和白砂糖相同，可以代替菜谱上同等分量的白砂糖。另外，市售的低糖甜点也越来越多。请以含糖量10克左右为每次享用甜点的标准。

Q 糖和糖类一样吗？

 没有糖并不等于没有糖类。

糖类指的是碳水化合物除去膳食纤维的部分。糖是糖类中的一种，有砂糖和果糖等。标有"糖为0"的食品尽管热量较低，但是依然含其他糖类，因此不能算低糖。

Q 可以喝酒吗？

 选择含糖量低的酒就没问题！

酒可以适量饮用，不过要注意含糖量。威士忌和烧酒等蒸馏酒的含糖量为0，也推荐饮用无糖的发泡酒。葡萄酒中含有少量糖类，要少喝。普通的啤酒和日本酒以及甜鸡尾酒含糖量高，最好避免饮用。

威士忌
烧酒
发泡酒
低糖啤酒

葡萄酒

普通啤酒
日本酒
鸡尾酒

Part 1

常备减糖
饱腹菜

黄油甜椒猪排

1人份
含糖量
5.6克
443 千卡

保存
冷藏
约**4**天

使用低糖且香气四溢的黄油酱料

材料（4人份）

猪里脊肉（煎炒用）........4片（500克）	
红、黄甜椒 各1/2个	
蒜 4瓣	
A 黄油......................................30克	
酱油.....................................2大勺	
番茄沙司.................................2大勺	
色拉油.................................. 1大勺	

预处理

去筋，撒少许盐和黑胡椒碎，再撒2小勺过筛后的面粉

纵向切成1.5厘米宽的条

切薄片

1 将甜椒炒出香味后盛出。

倒油，将蒜炒出香味，然后放入甜椒，炒好后盛出。

减糖重点

控制含糖量高的面粉用量，减少含糖量。使用滤网可以将面粉撒得薄而均匀。

---

2 猪里脊肉烤好后盛出。

加入猪里脊肉，不时翻面，中火烤3分钟左右，盛出。

可以根据喜好加入生菜丝

3 将做好的酱汁淋在食材上。

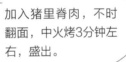

将材料A放入平底锅，一边搅拌一边加热。

酸辣腌菜拌鸡肉

1人份
含糖量
3.2克
465 千卡

保存
冷藏
约**5**天

大块鸡肉拌上爽口的蔬菜

材料（4人份）

鸡腿肉..........................2块（500克）•——
A ⎡ 黄瓜........................2根（200克）⎤
  ⎢ 红皮洋葱...............1/2个（80克）⎥
  ⎢ 黄甜椒（小个）.......1/2个（50克）⎦
  ⎣ 黑橄榄（无子）....................12个
B ⎡ 橄榄油............................ 6大勺
  ⎢ 葡萄酒醋.......................... 3大勺
  ⎢ 盐.................................... 2/3小勺
  ⎣ 胡椒.................................少许
橄榄油................................. 1/2大勺

预处理

去筋，加入1/3小勺盐和少许胡椒后拌匀

切成约7毫米见方的小块

1 煎鸡腿肉，注意翻面。

热油，将鸡腿肉鸡皮朝下煎5分钟左右，肉变色后翻面。

减糖重点

腌制时几乎不使用白砂糖和番茄酱等甜味调味料，是最适合减糖的烹饪方法。将蔬菜切成小块，做出的成品色泽鲜艳。

2 小火煎烤鸡腿肉，盛出后切块。

盖上盖子再煎5分钟左右，盛出后切成适口大小。

腌制好的蔬菜可以起到酱料的作用

3 制作腌菜，倒入鸡腿肉。

将材料B倒入方形盘中，加入材料A搅拌，然后放入切好的鸡腿肉，拌匀。

蛋黄酱鲑鱼

1人份	保存
含糖量 **4.1**克	冷藏 约**3**天
586 千卡	

使用低糖蛋黄酱和番茄沙司，做出极致美味

材料（4人份）

鲑鱼 ....4块（400克）	切成适口大小，加入1/2小勺盐和少许胡椒后拌匀
西蓝花 ....1个（250克）	分成小朵，茎部切成约7毫米厚的小块
黄豆粉 5大勺	
蛋液 1个鸡蛋的量	
A　蛋黄酱 3/4杯	
番茄沙司........................1大勺	
柠檬汁、白砂糖 各2小勺	
盐、胡椒........................各少许	
色拉油........................适量	

预处理

1 盐水焯西蓝花。

热水中加入少许盐（材料外），将西蓝花焯2分钟左右，放入滤网中沥水。

2 鲑鱼裹面衣后用180℃的油炸。

鲑鱼裹上薄薄一层黄豆粉，裹满蛋液后再裹一层黄豆粉。炸3分钟，不断翻面，然后将油全部倒掉。

平底锅中油的深度为2厘米左右

3 将鲑鱼和蛋黄酱搅拌均匀。

将材料A倒入碗中，加入西蓝花和鲑鱼后拌匀。

盐煮五花肉

1人份	
含糖量	
2.1克	
823 千卡	

保存	
冷藏约 **5** 天	
冷冻 **3** 周	

肉质鲜嫩，肥肉部分同样美味。
而含糖量仅有2.1克

材料（4人份）

猪五花肉.........................2块（800克）
A | 大葱叶..................................1根
  | 蒜.......................................3瓣
小松菜.................................1把 ———┤ 切5厘米长的小段
B | 高汤...............................800毫升
  | 烧酒...............................200毫升
  | 红辣椒...............................1根 ———┤ 去子
  | 盐.......................................2小勺

预处理

1 锅中放入猪五花肉和材料 A，开火。

在直径20厘米的锅里加满水，放入猪五花肉和材料A后开大火煮。

煮好后撇去浮沫

减糖重点

含糖量低的猪五花肉可以尽情享用，用含糖量低的烧酒可以进一步减糖。

2 小火煮 30 分钟左右，冷却后切块。

注意加水，让肉完全浸泡在水中

在锅上盖一张厨房用纸，煮好后将肉放凉，切成适口大小。

食用时，可以加入芥末酱

3 材料 B 煮开后放入猪肉块煮 1 小时，加小松菜。

将锅洗净后加入材料B和猪肉块，盖上锅盖，用中小火焖煮，出锅前放入小松菜迅速煮熟。

加入含糖量低的豆芽，
增加分量感

豆腐大虾西蓝花
奶汁烤菜

1人份
含糖量
8.7克
612 千卡

保存
烤制前的状态
冷藏约**3**天

材料（4人份）

虾......................12只（净重180克）
西蓝花.........................1棵（250克）
豆芽.............................1袋（200克）
A | 绢豆腐...................2块（600克）
   | 鲜奶油.............................4大勺
   | 高汤粉.........................1/2大勺
   | 盐.............................2/3小勺
   | 胡椒.............................少许
比萨用芝士........................80克

预处理

去壳，在背部轻轻划一刀，去虾线

分成小朵，茎部切成七八毫米厚的小块

用料理机或搅拌器打成糊

18

用含糖量低的豆腐代替面粉，做成白酱。加入鲜奶油增加浓稠度。

做法

1
将蔬菜和虾依次放入盐水中煮熟。

在热水中加入少许盐（材料外），放入西蓝花煮2分钟。豆芽焯水，虾煮1分钟左右后放入滤网中沥水。

2
将材料 A 和步骤 1 的食材依次放入碗中，搅拌均匀。

加入满满的蔬菜，富有嚼劲

3
撒比萨用芝士，放入 230℃ 预热的烤箱。

将食材等分后放入耐热容器，撒上比萨用芝士，放入烤箱烤20分钟左右。

腌紫甘蓝煎鸡肉配塔塔酱

1人份	保存
含糖量 **5.0**克	冷藏 约**4**天
537 千卡	

将鸡肉做成低糖料理

材料（4人份）

鸡腿肉 .... 2块（600克）

紫甘蓝 .... 1/2个（500克）

A 盐 1/2小勺
　 胡椒 ....少许
　 白葡萄酒醋、橄榄油 各1大勺

橄榄油 1大勺

塔塔酱
　 煮鸡蛋 3个
　 蛋黄酱 4大勺
　 柠檬汁 1/2大勺
　 盐、胡椒 .... 各少许

预处理

去筋后切成两半，加入1/2小勺盐和
少许胡椒后拌匀

切丝

略切碎

不使用含大量白砂糖的甜醋做酱料，而是用含糖量低的鸡蛋和蛋黄酱为原料的塔塔酱。搭配色泽鲜艳的油醋汁，口感和颜色都更让人满足。

做法

1 皮朝下煎鸡腿肉，注意翻面。

热油，皮朝下将鸡腿肉煎5分钟左右，变色后翻面。

2 煎紫甘蓝。

将紫甘蓝平铺在平底锅中，加3大勺水，盖上盖子，小火煎5分钟。

3 腌制紫甘蓝，制作塔塔酱。

紫甘蓝沥干后加入材料A，搅拌均匀。

将制作塔塔酱的材料拌匀后放入单独的容器中。

将鸡腿肉切成适口大小，拌上腌紫甘蓝，淋上含糖量低的塔塔酱

搭配自己喜欢的
生菜叶

多层薄肉片重叠起来，
分量更足

芝士紫苏炸千层饼

材料（4人份）		预处理
猪里脊肉（涮肉用）........500克（36～48片）		
芝士片 4片		切成两半
绿紫苏 8片		
盐 1/3小勺		
胡椒...少许		
面粉...1½大勺		
蛋液...1个鸡蛋的量		
A 冻豆腐 ....3片（48克）		碾碎
芝士粉 1大勺		
色拉油 .... 适量		

1
将猪里脊肉、芝士片、绿紫苏按顺序叠起来。

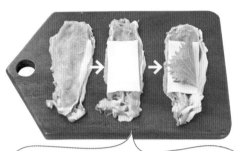

> 按照三四片猪里脊肉、1/2片芝士、1片绿紫苏的顺序重叠起来，然后重复一次，最后放三四片猪里脊肉。共做4份。

2
撒盐和胡椒，裹好面衣。

> 面粉事先过筛，将步骤1的材料撒好面粉后裹上蛋液和搅拌均匀的材料A。

3
170℃油炸。

> 炸六七分钟，不停翻面，盛出后控油。

平底锅中油的深度约为2厘米

减糖重点

面粉过筛后再使用，撒上薄薄一层，减少糖分。不使用含糖量高的面包粉，用碾碎的冻豆腐和芝士粉的混合物代替。

食用前可以用面包机等稍稍加热

生姜榨菜烧猪里脊

材料（4人份）		预处理
猪里脊肉（用于生姜烧）		
.... 12~16片（500克）		去筋
榨菜..........................50克		切丝
A | 姜.............................2块		切碎
酱油、红葡萄酒..............各2大勺		
白砂糖.........................1/2大勺		
色拉油...........................1大勺		

减糖重点

控制酱汁中的白砂糖用量，用红葡萄酒提味。榨菜含糖量低，咸味足，加入少量酱油即可。

做法

1 将一半猪里脊肉煎好后盛出。

锅中加入1/2大勺油，油热后放入一半猪里脊肉，煎变色后翻面，煎好后盛出。

2 煎另一半猪里脊肉。

加入1/2大勺油，油热后以同样的方法煎另一半猪里脊肉。

3 加入榨菜调味。

将步骤1中的猪里脊肉倒回锅中，加入榨菜和材料A后搅拌，大火炒匀。

可以根据喜好加入水菜丝

1人份	保存
含糖量 **3.1**克	冷藏 约**4**天
376千卡	

利用榨菜的盐分加重味道。减少白砂糖用量，制成减糖料理

培根菠菜豆浆烘蛋

减糖重点 用比牛奶含糖量低的豆浆做饼坯，用含糖量低的鲜奶油和芝士粉增加黏稠度。

材料（约13厘米×20厘米的耐热容器1个）		预处理
黑猪肉	100克	切成1厘米宽的条
菠菜	1把（200克）	
圣女果	3个	横切成两半
A 蛋液	3个鸡蛋的量	
豆浆	100毫升	
鲜奶油	50毫升	
芝士粉	3大勺	
盐	1/4小勺	
胡椒	少许	涂在耐热容器内部
橄榄油	少许	

做法

1 菠菜用微波炉加热后切碎。

将菠菜用耐热保鲜膜轻轻包好后放进微波炉，加热2分30秒。用冷水冷却，沥干水分后切成3厘米长的小段。

2 将材料A搅拌均匀，作为饼坯。

将材料A放入碗中，搅拌均匀，加入黑猪肉和菠菜后搅拌。

3 装进容器中，摆好圣女果，放入烤箱。

将步骤2的材料倒入耐热容器中，摆好圣女果。在170℃预热的烤箱中烤30~35分钟。

1人份
含糖量
2.3克
264 千卡

保存
冷藏
约**5**天

以圣女果的酸甜味作点缀

俄式牛肉丝

减糖重点

用芹菜代替含糖量高的洋葱作为增香蔬菜，达到减糖的目的，既有嚼劲又能保留口感。

材料（4人份）

材料	用量	预处理
牛肉丝	300克	切成适口大小，加少许盐和胡椒拌匀
芹菜	1根（100克）	切薄片
蒜	1瓣	切碎
A 蟹味菇	1包（100克）	分成小朵
口蘑	1包（100克）	切薄片
B 鲜奶油	200毫升	
水	100毫升	
番茄沙司	1大勺	
高汤粉	1/2大勺	
盐	1/2小勺	
胡椒	少许	
黄油	30克	
酸奶油	2大勺	
黑胡椒碎	少许	

1人份
含糖量
4.0克
567 千卡

保存
冷藏约 **4** 天
冷冻 **3** 周

做法

1 炒蔬菜、牛肉丝和菌类。

在平底锅里将黄油化开，放入蒜、芹菜和牛肉丝翻炒，牛肉丝变色后加入材料A，继续翻炒。

2 加入材料 B 拌匀，煮两三分钟。

3 加入酸奶油拌匀，撒黑胡椒碎。

可以根据喜好加入欧芹

含糖量低的黄油和鲜奶油能增加黏稠度。菌类是提鲜关键

蒜香叉烧

减糖重点

减糖瘦身时同样可以大口吃肉！用余温烤，猪肉会变得鲜嫩多汁。

材料（4人份）　　　　　　　　　　**预处理**

黑猪肩肉	500克（厚约5厘米）	
A　蒜	2瓣	切碎
姜	1块	
味噌、酱油、白砂糖	各1大勺	
盐	1小勺	

1人份
含糖量
4.3克
341千卡

保存
冷藏约 **5** 天
冷冻 **3** 周

可以根据喜好加入香菜

做法

1 猪肉调味。

将黑猪肩肉和材料A一起放入保鲜袋中揉匀，挤出空气后封口，冷藏一晚（七八个小时）。

2 猪肉室温下静置，放入200℃预热的烤箱中。

猪肉在室温下放置30分钟后放在铺好烘焙纸的烤盘中，放入烤箱烤30～40分钟后盖上铝箔纸。

3 用余温继续加热。

在烤箱中继续静置40分钟，用余温烘烤。

蒜和味噌充分入味，口感醇香

原汁炖鸡肉

材料（4人份）

鸡胸肉（去皮）	2块（500克）
口蘑	1包（100克）
填馅橄榄	12个
蒜	1瓣
A 鲜奶油	200毫升
芝士粉	2大勺
盐	1/4小勺
胡椒	少许
橄榄油	1½大勺

预处理

横切成2片，中间夹上保鲜膜，用刀背拍松，拍到1厘米厚。撒1/3小勺盐和少许胡椒，将1大勺面粉过筛后撒匀。

切薄片

切碎

1人份	保存
含糖量 **2.2**克	冷藏 约**4**天
445千卡	

做法

1 鸡胸肉煎好后盛出。

在平底锅中加入1/2大勺油，油热后放入鸡胸肉煎3分钟，微微变色后翻面。小火继续煎3分钟后盛出。

2 翻炒蒜和口蘑。

洗净平底锅，加入1大勺油后放入蒜，炒出香味后放口蘑翻炒。

3 将用材料 A 调味并加入填馅橄榄的酱汁淋在鸡胸肉上。

锅中加入材料A后煮三四分钟，加入填馅橄榄，淋在鸡胸肉上。

在煮到软烂的鸡肉上淋浓郁的酱汁

可以根据喜好加入嫩叶菜

蛋黄酱印式旗鱼

酱汁中加入了含糖量低的蛋黄酱，让旗鱼的味道更加温和。

材料（4人份）

旗鱼	4块（500克）
西葫芦	1根
A 蒜	1/2瓣
蛋黄酱、原味酸奶	各2大勺
番茄酱、咖喱粉	各1/2大勺
盐	1/3小勺
盐	少许
橄榄油	1大勺

预处理

分成4块后分别切成5厘米长的条

放在可封口的保鲜袋中充分混合

做法

1 将腌好的旗鱼冷藏。

将旗鱼放在盛装材料A的保鲜袋中，冷藏3小时。

2 炒西葫芦，撒盐后盛出。

平底锅中倒油，油热后将西葫芦炒好后撒盐，盛出。

3 煎制腌旗鱼。

将旗鱼表面的酱汁轻轻擦去后放入平底锅，中火煎2分钟左右，翻面后小火煎5分钟左右。

咖喱味的松软口感。含糖量仅1.8克，推荐做成减糖便当

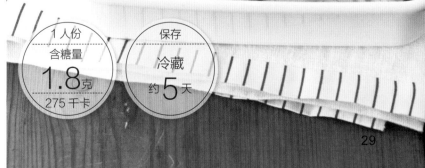

1人份	保存
含糖量 **1.8**克 275 千卡	冷藏 约 **5** 天

冻豆腐填馅鱼糕

材料（8厘米×18厘米×6厘米的容器1个）		预处理
猪肉馅 500克		
A	冻豆腐 .... 3块（48克）	碾碎
	豆浆、水 各1/3杯	
B	鲲鱼片 .... 4片（10克）	切碎
	蛋液 1个鸡蛋的量	
	番茄沙司 1大勺	
	盐 1/3小勺	
	胡椒、肉豆蔻 .... 各少许	
水煮蛋 2个		竖切成两半
芦笋 4根		切成16~17厘米长，用热水焯1分30秒，过冷水后沥干

做法

1 在容器中放入 1/3 的材料 A、猪肉馅和材料 B 混合物，搅拌均匀，摆上水煮蛋。

将材料A放在碗里静置10分钟，加入猪肉馅和材料B后搅拌至黏稠。在容器中铺烘焙纸，放入1/3馅料，把水煮蛋横放在上面。

2 放入剩余馅料和芦笋，在 200℃ 预热的烤箱中烘烤。

在步骤1的材料上放一半的剩余馅料，摆好芦笋后放入另一半剩余馅料，压紧。将容器平放在烤盘上，放入烤箱，烘烤约40分钟。

3 烘烤 30 分钟时取出，稍稍冷却后切开。

1人份
含糖量
1.8克
451 千卡

保存
冷藏
约**5**天

含糖量低的丰盛料理，用冻豆腐代替面包粉，依旧美味

可以根据喜好加入芥末粒、西芹、水萝卜

椰汁鸡汤

减糖重点

椰汁的含糖量比牛奶低。具有民族特色的炖菜同样是减糖料理中的招牌菜。

材料（4人份）			预处理
鸡翅		8～10个	沿骨头切口
A	水煮竹笋	200克	笋尖切成长5厘米、厚1厘米的月牙形，剩余部分切成半月形
	青椒	12个	
	红甜椒	1/2个	
B	椰汁	1罐（400毫升）	切适口大小
	水	200毫升	
	鸡骨浓汤宝	1/2大勺	
	鱼露	1½大勺	
	蒜	1/2瓣	切碎
	盐	1/2小勺	
色拉油		1/2大勺	

做法

1 煎鸡翅。

热油，将鸡翅煎三四分钟，变色后翻炒几下。

2 加入调味料后搅拌，加蔬菜炖煮。

加入材料B后搅拌均匀，然后加入材料A，汤汁沸腾后小火炖30分钟左右。

用椰汁炖出的减糖泰国料理

1人份
含糖量
5.2克
317千卡

保存
冷藏
约4天

31

平底锅烤羊排配洋葱酱

材料（4人份）

羊排		8根（700克）
芦笋		4根
A	蒜	1瓣
	迷迭香（可省略）	2~3枝
橄榄油		1大勺
黄油		20克
B	蒜	1/2瓣
	洋葱	1/4个（50克）
	酱油	2大勺
	黑胡椒碎	少许

预处理

- 涂1/3小勺盐和少许胡椒
- 用削皮器刮掉根部的硬皮，切成2段
- 切成两半
- 切碎

1人份	保存
含糖量 **2.4**克	冷藏 约 **4** 天
513 千卡	

用平底锅就能轻松完成！
丰盛的带骨肉料理

做法

1 芦笋炒熟后盛出。

平底锅中倒油，油热后将芦笋翻炒熟后盛出。

2 加入材料 A，羊排煎熟后盛出。

将蒜炒出香味，加入羊排煎3分钟，变色后翻面，小火煎七八分钟后盛出。

3 用黄油和材料 B 做酱汁，淋在羊排上。

在平底锅中加热黄油，加入材料B，搅拌后炖煮。

可以根据喜好加入柠檬角

蛋黄酱味噌烤里脊

减糖重点

仅加入少许含糖量稍高的味噌，使用大量蛋黄酱提味。

材料（4人份）

猪里脊肉（煎猪排用）.....4块（400克）

A | 蛋黄酱 4大勺
  | 味噌............................. 1/2大勺

预处理

去筋，撒少许盐

1人份
含糖量
0.8克
348 千卡

保存
冷藏
约**3**天

做法

1 将猪里脊肉摊开，涂上用材料 A 做成的酱汁。

在吐司烤箱的烤盘里铺上铝箔纸，摆好猪里脊肉，均匀地涂上混合好的材料A。

2 放入预热好的吐司烤箱中烘烤。

烤六七分钟。

只需要吐司烤箱和3种食材，含糖量不到1克

享受不一样的味道

减糖汤品

肚子稍稍有些空时可以享用的汤品。做好大量基础底汤后，就可以享受变化的乐趣了。

基础
减糖汤品

肉末芹菜汤

满满一锅肉和有香味的蔬菜汁

材料（4人份）		预处理
猪肉馅	200克	
芹菜	2根（160克）	切成1厘米
A 芹菜叶	20克	见方的小块
水	1升	
烧酒	2大勺	
盐	1/2小勺	
色拉油	1/2大勺	

减糖重点

在香味蔬菜中选择了比洋葱含糖量更低的芹菜，同时选择含糖量低的烧酒去腥，味道鲜美。

做法

1 炒肉馅，加入芹菜和材料A。

热油后放入猪肉馅翻炒变色，加入芹菜和材料A。

2 汤沸腾后撇净浮沫，小火继续煮。

煮10分钟左右，撇去芹菜叶。

1人份	
含糖量	
0.9克	
140千卡	

保存	
冷藏约 **4** 天	
冷冻 **3** 周	

变化 1

咖喱肉末芹菜黄豆汤

材料（2人份）

肉末芹菜汤（P34）.....................1/2份
黄豆罐头.....................1罐（120克）
A ｜ 咖喱粉 1小勺
　｜ 盐、胡椒..................... 各少许
芝士粉 ....适量

做法

锅中倒入肉末芹菜汤，加入黄豆和材料A后煮开。

盛入容器后撒上芝士粉。

1 人份
含糖量
1.8克
230 千卡

加入黄豆，增加分量

加入味噌，变身日式汤品

变化 2

肉末芹菜味噌汤

材料（2人份）

肉末芹菜汤（P34）.....................1/2份
姜.....................1块
味噌..................... 1½大勺

做法

锅中倒入肉末芹菜汤，煮开后加入味噌。

盛入容器后撒上切小粒的姜。

1 人份
含糖量
3.3克
166 千卡

基础 减糖汤品 鸡翅汤

材料（4人份）			预处理
鸡翅		8根	沿着骨头划两刀
A	葱绿	1根	
	姜	3块	切碎
B	水	1升	
	烧酒	2大勺	
	盐	1/2小勺	

1人份
含糖量
0.5克
95千卡

保存
冷藏 **3~4** 天
冷冻 **3** 周

带骨鸡肉鲜嫩多汁

做法

1 将材料 B、鸡翅和材料 A 依次放入锅中，大火煮。

先将材料B放入锅中，搅拌均匀，然后依次放入鸡翅和材料A。

2 煮开后撇去浮沫，调小火。

小火煮10分钟左右，去掉葱绿。

去骨鸡翅 酸辣蛋花汤

变化 **1**

材料（2人份）

鸡翅汤（P36）..................... 1/2份
蛋液............................ 1个鸡蛋的量
A | 醋、酱油..................... 各1大勺
  | 辣椒油....................... 1/2小勺
  | 胡椒、香油.................. 各少许
黑胡椒碎............................. 少许

做法

将鸡翅汤中的鸡翅去骨，倒入锅中后加入材料A，煮沸后均匀倒入蛋液，蛋花浮起后搅开。

盛入碗中，撒黑胡椒碎。

加入调味料，让味道更富有层次

1人份
含糖量
1.7克
158千卡

变化 **2**

民族风 鸡翅汤

香菜和柠檬的香气衬托出清爽的味道

材料（2人份）

鸡翅汤（P36）..................... 1/2份
A | 鱼露......................... 1大勺
  | 盐、胡椒.................. 各少许
香菜末............................. 1/2把的量
柠檬角............................. 2个

做法

在鸡翅汤里加入材料A，煮沸。

盛入碗中，撒香菜末，放柠檬角。

1人份
含糖量
1.2克
102千卡

拓展减糖料理的边界

减糖酱汁、蘸料、

酱汁

淋在烤鱼、鸡肉、牛排、豆腐等简单的菜品上。

日式酸辣酱汁

梅干的酸味和鲣鱼干的甜味达成了绝妙的平衡

1大勺
含糖量
0.5克
47千卡

保存
冷藏
约**4**天

材料（方便制作的量）

梅干2个、白萝卜100克、盐1/6小勺、红甜椒20克、A［姜末1/2块的量、鲣鱼干1/4袋（1克）、色拉油4大勺、醋1小勺］

做法

1 梅干去核后拍扁。白萝卜切小块，撒盐后搅拌均匀，静置四五分钟后沥干水分。红甜椒切小块。

2 将步骤1中的材料搅拌均匀后加入材料A，继续搅拌。

金枪鱼咖喱油酱汁

恰到好处的辣味中混入咸味，让人欲罢不能

1大勺
含糖量
0.2克
91千卡

保存
冷藏
约**4**天

材料（方便制作的量）

金枪鱼罐头（煮汤用）1/2小罐（35克）、芹菜末20克、洋葱末10克、色拉油5大勺、咖喱粉1/2小勺、盐1/4小勺、胡椒少许

做法

将金枪鱼肉沥出汤汁后与剩下的材料混合。

南国风味酱汁

鱼露和香菜打造出的南国风味

1大勺
含糖量
0.5克
62千卡

保存
冷藏
约**4**天

材料（方便制作的量）

香菜1根、大葱末4厘米长的量、蒜末1/2瓣蒜的量、切成小块的红甜椒1个、色拉油2大勺、柠檬汁1大勺、香油2小勺、鱼露1小勺

做法

香菜切碎，与其他材料混合。

沙拉酱

给料理增色的酱料如果也亲手制作的话，会更让人放心。只要增加酱料的种类，减糖料理就吃不腻。

蘸料

用来搭配蔬菜等。面包和咸饼干的含糖量高，需要注意。

黄豆酱	鲑鱼酱	意式蘸料

用家常的黄豆代替鹰嘴豆	用蛋黄酱中和咸鲑鱼的咸味	加入少许番茄沙司，风味浓郁

黄豆酱

 1大勺 含糖量 **0.2**克 71千卡

 保存 冷藏约 **4** 天 冷冻 **2** 周

材料（方便制作的量）

水煮黄豆100克、A［蒜末少许、白芝麻1大勺、咖喱粉1/3小勺］、橄榄油4大勺、盐少许、胡椒少许

做法

黄豆焯水后趁热碾碎，加入材料A后充分搅拌，加入橄榄油继续搅拌，最后撒盐和胡椒调味。

鲑鱼酱

 1大勺 含糖量 **0.4**克 59千卡

 保存 冷藏约 **4** 天 冷冻 **2** 周

材料（方便制作的量）

咸鲑鱼1块、洋葱末10克、欧芹末1/5小勺、蒜末少许、橄榄油2大勺、蛋黄酱1½大勺、柠檬汁2小勺、盐少许、胡椒少许、辣椒粉少许

做法

咸鲑鱼煮熟后去皮、去骨，捣碎后冷却，与其余材料混合。

意式蘸料

 1大勺 含糖量 **0.5**克 50千卡

 保存 冷藏约 **4** 天

材料（方便制作的量）

奶油芝士100克、番茄沙司1½小勺、A［罗勒碎1片的量、蒜末少许、盐少许、胡椒少许］

做法

将奶油芝士恢复室温，搅拌至黏稠、顺滑。加入番茄沙司后充分搅拌，然后加入材料A继续搅拌。

沙拉酱

淋在叶菜沙拉和含糖量较低的温热蔬菜上，也可以作为火锅蘸料。

韩式沙拉酱

炒芝麻和香油的香气四溢

1 大勺
含糖量
0.9克
60 千卡

保存
冷藏
约 **4** 天

材料（方便制作的量）

大葱末4厘米长的量、蒜末1/4瓣蒜的量、炒白芝麻1小勺、香油2大勺、色拉油2大勺、酱油2大勺、醋1/2大勺、豆瓣酱1小勺、白砂糖1小勺

做法

将所有材料混合均匀。

凯撒沙拉酱

用鳀鱼提鲜，像饭店里的酱料一样美味

1 大勺
含糖量
0.3克
105 千卡

保存
冷藏
约 **4** 天

材料（方便制作的量）

鳀鱼1/2片、蒜末1/4瓣蒜的量、蛋黄酱1/2杯、橄榄油2小勺、芝士粉2小勺、盐少许、胡椒少许

做法

将鳀鱼拍碎，与其余材料混合均匀。

柚子辣椒味噌沙拉酱

味噌的香味与爽口的辣味搭配和谐

1 大勺
含糖量
0.8克
37 千卡

保存
冷藏
约 **4** 天

材料（方便制作的分量）

A［日式高汤50毫升、味噌2大勺、醋1小勺、柚子辣椒1小勺］、橄榄油2大勺

做法

将材料A充分混合后加入橄榄油，搅拌均匀。

Part2

常备减糖
特色菜

日式　P42

西式　P50

中式　P58

日式

日式料理多用料酒、白砂糖、味噌、酱油等甜辣口的调味料，含糖量较高。让我们巧妙地使用酱汁、盐和香辛料，来为料理减糖吧。

材料（4人份）		预处理
鸡胸肉	...............................2大块	切薄片
A 葱白	...............................6厘米	切碎
姜	...............................1/2块	
红辣椒	...............................1根	切小圈
B 盐、酱油	...............................各1/2小勺	
胡椒	...............................少许	
淀粉	...............................2大勺	
蘸汁 醋	...............................1/5大勺	充分混合
酱油	...............................2小勺	
白砂糖、香油	...............................各1小勺	
盐	...............................1/6小勺	
日式高汤	...............................250毫升	
色拉油	...............................适量	

普通醋腌鸡胸肉
1人份含糖量
14.0克
减少 **65%**

1人份
含糖量
4.9克
255 千卡

保存
冷藏约 **3** 天
冷冻 **3** 周

醋腌鸡胸肉

蘸汁降低了甜度，用香味蔬菜和香油提味

减糖重点

尽可能用更少量的淀粉包裹鸡胸肉，减少含糖量。蘸汁以日式高汤为主，所以尽管减少了白砂糖的用量，依然能保持美味。

减少淀粉用量还可以控制吸油量，同时降低了热量

做法

1 用材料 B 涂满鸡胸肉，撒薄薄一层淀粉。

在每一块鸡胸肉上尽可能薄地裹上淀粉，建议淀粉先过筛。

2 在 170℃的油中将鸡胸肉炸 3 分钟。

中途不断翻面，炸到焦黄色为止。

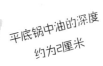

平底锅中油的深度约为2厘米

3 放入蘸汁中，加入材料 A 搅匀，静置 15 分钟。

将刚出锅的鸡胸肉放入事先准备好的蘸汁中。

盐煮豆腐肉片

葱经过煎制后葱香四溢

普通盐煮
豆腐肉片
1人份含糖量
15.9克

✦ 减少 ✦
63%

1人份
含糖量
5.9克
339 千卡

保存
冷藏
约 **3** 天

材料（4人份）

猪五花肉片	200克	切三四厘米长小片
木棉豆腐	2块	切成正方形
大葱	1/2根	斜切成1厘米宽的小段
A 日式高汤	300毫升	
味醂	1½大勺	
盐、胡椒	各1小勺	
香油	2小勺	

预处理

充分翻炒后，葱的甜香和调料的咸味相辅相成。就算不是含糖量高的甜辣味，也能做出令人满意的味道。

豆腐切厚一些会让口感更好

做法

1 油热后依次放入葱段和猪五花肉片。

大火将葱段翻炒至略焦，并炒出甜味。

2 肉片完全变色后加入材料 A。

3 沸腾后加入豆腐继续煮。

盖上盖子，再次煮沸后改小火，煮10分钟左右。

香辣味噌青花鱼

减糖重点

为了中和味噌的咸味，白砂糖的分量容易加多。只要利用好豆瓣酱的辣味，就算减少白砂糖的用量，也能达到美味的平衡。

材料（4人份）

青花鱼		4块
大葱		1/2根
姜		1/2块
A	海带	4厘米
	清酒、味噌	各2大勺
	白砂糖	1小勺
	豆瓣酱	1/2小勺
	水	200毫升

预处理

划开鱼皮，淋热水

切成3厘米长的小段

切碎

普通香辣味噌青花鱼
1人份含糖量
9.4克

减少
66%

1人份
含糖量
3.2克
219千卡

保存
冷藏约 **3** 天
冷冻 **3** 周

做法

1 将材料A煮沸，放葱段、姜和青花鱼。

2 盖上带气孔的盖子，煮8～10分钟。

推荐使用铝制锅盖。

减少味噌和白砂糖的用量，选择辣味来实现减糖的目标

炒牛蒡丝

<table>
<tr><td colspan="3">材料（4人份）</td><td>预处理</td></tr>
<tr><td colspan="2">牛蒡</td><td>50克</td><td rowspan="1">切成4厘米长的丝，
焯水后沥干</td></tr>
<tr><td rowspan="3">A</td><td>西芹</td><td>1根</td><td rowspan="2">切成4厘米长的丝</td></tr>
<tr><td>杏鲍菇</td><td>1包（80克）</td></tr>
<tr><td>红辣椒圈</td><td>1/2根的量</td><td></td></tr>
<tr><td rowspan="3">B</td><td>味醂</td><td>1小勺</td><td rowspan="3">充分混合</td></tr>
<tr><td>酱油</td><td>1/2小勺</td></tr>
<tr><td>盐</td><td>1/4小勺</td></tr>
<tr><td colspan="2">炒白芝麻</td><td>1小勺</td><td></td></tr>
<tr><td colspan="2">香油</td><td>2小勺</td><td></td></tr>
</table>

减糖重点

减少含糖量高的牛蒡的用量，用西芹和杏鲍菇来增加分量。调味料中，减少含糖量高的味醂的用量。

做法

1 热油后炒牛蒡。

2 牛蒡变软后加入材料 A，继续翻炒。

3 加入材料 B 和炒白芝麻后继续翻炒。

> 翻炒时用铲子将调味料淋在食材上，让食材充分入味。

普通炒牛蒡丝
1人份含糖量
9.6克

减少 **40%**

1人份
含糖量
5.8克
80 千卡

保存
冷藏约 **3** 天
冷冻 **3** 周

大量使用西芹，咸味的炒牛蒡口感清爽

红烧咖喱鲕鱼

用咖喱粉和蒜刺激味觉，可以减少味酥的用量。橄榄油可以让味道更加浓郁。

材料（4人份）

鲕鱼	4块	
尖椒	8根	
蒜	1/4瓣	
A	酱油	1大勺
	味酥	2小勺
	咖喱粉	1/6小勺
橄榄油	2小勺	

充分混合

预处理

撒少许盐，静置5分钟左右后擦去水分

切薄片

普通红烧
咖喱鲕鱼
1人份含糖量
17.2克

减少 87%

1人份
含糖量
2.3克
235千卡

保存
冷藏约 **3** 天
冷冻 **3** 周

做法

1 平底锅中倒油，放入蒜。

蒜炒出香味后盛出。

2 加入鲕鱼和尖椒，中火煎。

鲕鱼两面煎烤上色，同时煎尖椒。

3 加入材料 A 翻炒。

食材充分翻炒后收汁。

放凉后同样美味，这道菜很适合放入减糖便当中

白萝卜筑前煮

主食材使用了含糖量低的白萝卜和有嚼劲的魔芋。加入少量含糖量稍高、但色彩鲜艳的胡萝卜作点缀。

材料（4人份）

		预处理
鸡腿肉	1大块	切成适口大小
A 白萝卜	300克	切块
胡萝卜	40克	切小块
魔芋	1片	撕开后用水煮熟
B 酱油	1大勺	
白砂糖	2小勺	
盐	1/5小勺	
日式高汤	200毫升	
色拉油	1小勺	

普通
筑前煮
1人份含糖量
18克

减少
75%

1人份
含糖量
4.5克
190 千卡

保存
冷藏
约 **3** 天

做法

1 平底锅中倒油，油热后炒鸡腿肉。

炒至鸡腿肉全部变色。

2 加入材料 A，炒至食材充分吸油。

3 加入材料 B 后盖上盖子，煮沸后继续炖 10 ~ 12 分钟。

中途要不时搅拌。

重点在于用白萝卜代替含糖量高的牛蒡和莲藕

西式

关键在于减少炖煮菜中含糖量高的酱汁、番茄罐头、胡萝卜和薯类用量。只要在食材的选择上下功夫，减糖沙拉也能做出和普通沙拉相似的味道。

材料（4人份）

材料	用量	预处理
猪肉片	300克	撒少许盐和胡椒
A 白萝卜	200克	
芹菜	1/2根	切块
胡萝卜	40克	切条
口蘑	8个	切两半
B 洋葱	1/2个	切薄片
姜	1/2块	
蒜	1/2瓣	切碎
咖喱块	30克	
C 咖喱粉	1大勺	
番茄酱	2小勺	
盐、胡椒	各少许	
色拉油	1大勺	

汤咖喱

1份汤咖喱的含糖量仅8克，控制好咖喱粉的用量

普通汤咖喱
1人份含糖量
29.9克

减少
72%

1人份
含糖量
8.3克
292 千卡

保存
冷藏约 **3** 天
冷冻 **3** 周

1 热油后将材料 B 炒出香味，加入猪肉片。

炒至猪肉片变色为止。

减糖重点

不仅要控制咖喱的用量，还要控制含糖量高的洋葱、胡萝卜的用量。可以用白萝卜、芹菜和口蘑来增加分量。用姜和蒜提味也是重点。

2 加入材料 A 翻炒，然后加入 800 毫升水炖煮。

煮开后调小火，继续煮 15分钟左右。可以放入月桂叶增加香味。

降低黏稠度，含糖量同样会降低

3 关火后放入掰碎的咖喱块，加入材料 C 继续炖煮。

加入调味料后继续煮四五分钟。

圆白菜猪肉卷

用日式高汤炖煮出的西式减糖家常菜

普通圆白菜
猪肉卷
1人份含糖量
13.8克

减少
57%

1人份
含糖量
5.9克
289 千卡

保存
冷藏约**3**天
冷冻**3**周

材料（4人份）

圆白菜..............................8片 •——┃ 焯水后去梗

A ┃ 猪肉馅..........................400克
┃ 鸡蛋................................1个
┃ 盐.............................1/4小勺

洋葱..............................30克 •——┃ 切碎

B ┃ 味酥...........................2小勺
┃ 酱油..............................1小勺
┃ 盐.............................1/4小勺
┃ 日式高汤.....................400毫升

预处理

减糖重点

常见的番茄味圆白菜猪肉卷含糖量较高，所以用日式高汤做成了日式风味。在猪肉馅中加入少量洋葱，不使用面包粉，达到减糖的目的。

1 将材料 A 充分搅拌后加入洋葱，分成 8 份。

味道清淡爽口

2 用圆白菜卷起猪肉馅。

将圆白菜的两端向内折，从前向后卷起，用牙签固定。

3 将圆白菜猪肉卷和材料 B 放入锅中，盖上盖子，开火。

在盖上盖子前放入之前去掉的圆白菜梗

煮开后调小火，继续煮15分钟左右。

南瓜沙拉

材料（4人份）

材料（4人份）		预处理
南瓜	净重150克	去皮后切成4块
菜花	200克	分成小朵
扁豆	50克	
A 蛋黄酱	4大勺	
盐	1/5小勺	
胡椒	少许	

减糖重点

因为使用了蛋黄酱，所以可以减少南瓜的用量。尽管食材以菜花为主，但外表和味道依然有南瓜的感觉。

普通南瓜沙拉
1人份含糖量
13.7克

减少
42%

1人份
含糖量
7.9克
129千卡

保存
冷藏约 **3** 天
冷冻 **3** 周

做法

1 南瓜放入耐热容器中，盖上耐热保鲜膜后用微波炉加热，捣碎。

用微波炉加热3分钟，趁热捣碎后放凉。

2 菜花煮2分钟，扁豆煮1分钟后切段。

煮好后放凉，将扁豆切成3厘米长的小段。

3 在南瓜泥中加入材料A，混合后加入菜花和扁豆，拌匀。

以菜花为主，通过减少南瓜的用量达到减糖的目的

汉堡肉排

材料（4人份）

材料	用量	预处理
洋葱	1/4个	切碎
西蓝花	100克	分成小朵
A 猪肉馅	400克	
鸡蛋	1个	
盐	1/4小勺	
番茄酱	1大勺	
胡椒、肉豆蔻	各少许	
黄油	1小勺	
橄榄油	2小勺	

普通汉堡肉排
1人份含糖量
9.8克

减少
77%

1人份
含糖量
2.3克
309千卡

保存
冷藏约 **3** 天
冷冻 **3** 周

做法

1 在耐热容器中加入洋葱和黄油，放入微波炉中加热。

> 不覆盖保鲜膜，在微波炉中加热1分钟后放凉。

2 充分搅拌材料 A，加入步骤 1 的食材后继续搅拌，分成 4 等份。

> 等分成4个椭圆形。

3 平底锅中倒油，油热后将肉排和西蓝花放入锅中煎制。

> 在锅中放入肉排后盖上盖子，中火煎1分钟，然后调小火，煎4分钟，注意翻面。加入西蓝花，中火加热1分钟，再调小火，加热4分钟。

在食材上下功夫，含糖量减少77%的减糖汉堡肉排

食用时在肉排上放芝士片

55

鸡肉蘑菇奶油浓汤

减糖重点

放弃常用的土豆，减少洋葱的用量，加入含糖量低的口蘑和青菜。

材料（4人份）

A 鸡腿肉 2块
  洋葱 1/2个
  口蘑 1小包
青菜 2棵
浓汤宝 1/2个
B 豆腐渣 100克
  牛奶 100毫升
  鲜奶油 50毫升
  盐 1/4小勺
  胡椒 .... 少许
黄油 2小勺

预处理

切成适口大小，撒1/3小勺盐和少许胡椒

切成1.5厘米见方的小块

将叶子和梗分开，将梗切成3厘米长的小段

普通奶油浓汤
1人份含糖量
21.7克

减少 **76%**

1人份
含糖量
5.1克
351 千卡

保存
冷藏约 **3**天
冷冻 **3**周

做法

1 在锅中将黄油化开，翻炒材料 A。

2 肉变色后加入 500 毫升水和浓汤宝，盖上盖子煮。

煮沸后调小火，继续煮10分钟左右。

3 加入青菜和材料 B，煮沸。

不使用含糖量高的汤汁，改用豆腐渣，增加黏稠度

蔬菜杂烩

材料（4人份）

材料		用量	预处理
洋葱		1/4个	切成2厘米见方的小块
A	西葫芦	1根	切成4块，然后分别切成3厘米长的小段
	茄子	3个	
	红甜椒、黄甜椒	各1/2个	竖切成两半，然后分别切成3厘米长的小段
	番茄	1个	
蒜末		少许	切小块
B	罗勒叶	4片	切块
	百里香	1根	撕碎
	月桂叶	1片	
	白葡萄酒	1大勺	
	盐	1/2小勺	
	胡椒	少许	
橄榄油		1½大勺	

普通蔬菜杂烩
1人份含糖量
9.7克

减少
28%

1人份

含糖量
7.0克

85 千卡

保存

冷藏约 **3** 天

冷冻 **2** 周

做法

1 锅中倒油，蒜末炒出香味后加入洋葱翻炒。

2 依次加入材料 A，翻炒。

> 按照西葫芦、茄子、甜椒的顺序依次加入，不停翻炒。最后加入番茄，快速翻炒。

3 加入材料 B 后搅拌均匀，盖上锅盖，炖煮。

> 煮沸后调小火，继续炖煮10分钟左右。

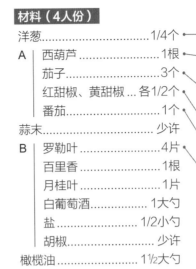

炒过的蔬菜带有天然的甜味

中式

用来勾芡的淀粉、做面皮和面衣的面粉含糖量较高，要控制其用量。在其余食材挑选上下功夫，达到减糖的目的。

材料（4人份）

材料		用量	预处理
猪里脊肉薄片		300克	切成适口大小，撒少许盐和胡椒
A	青椒	3个	
	水煮竹笋	100克	切块
	洋葱	1/4个	切片
	胡萝卜	40克	切条
	香菇	4个	切成4瓣
	姜末	1/2块的量	
黑醋酱汁	黑醋	2大勺	充分混合
	酱油、白砂糖	各2小勺	
	鸡骨浓汤宝	1/2小勺	
	水	100毫升	
色拉油		1½大勺	
香油		1小勺	

普通糖醋里脊
1人份含糖量
33.2克

✦减少✦
81%

1人份
含糖量
6.3克
227千卡

保存
冷藏
约 **3** 天

糖醋里脊

用炒代替炸，降低面衣的含糖量

1 锅中倒入 1/2 大勺色拉油，油热后炒猪里脊肉片，炒好后盛出。

炒熟后将肉片盛出，略微擦净平底锅。

减糖重点

因为面衣含糖量高，所以将做法改成炒制。减少洋葱、酱汁中白砂糖和淀粉的用量，用黑醋的浓郁味道来提升满足感。

含糖量低的竹笋增加了嚼劲

2 锅中倒入 1 大勺色拉油，油热后炒材料 A，加入黑醋酱汁。

蔬菜变软后加入黑醋酱汁，煮沸。

3 重新将猪里脊肉片倒回锅中，淋入香油翻炒。

金针菇烧卖

用金针菇代替面皮裹在烧卖外面，金针菇的口感是这道料理的亮点

材料（4人份）

金针菇	150克	切1厘米长的小段，撒1/3大勺淀粉，拌匀
A 猪肉馅	400克	
鸡蛋	1个	
蚝油、酱油、香油	各1小勺	
淀粉	1小勺	
盐	1/4小勺	
胡椒	少许	
大葱	1/4根	切碎
姜	1/2块	
色拉油	少许	涂在平底锅上

预处理

切1厘米长的小段，撒1/3大勺淀粉，拌匀

切碎

涂在平底锅上

做法

1
将材料Ａ拌匀后加入葱和姜。

2
分成20个小球，裹上金针菇。

裹上金针菇后
轻轻压实

蘸着醋、酱油和芥末享用

3
将步骤2的食材分成2份，分别煎。

将一半步骤2中的食材放入锅中，当平底锅变热后倒入50毫升水。盖上盖子，小火煎七八分钟。另一半用同样方法制作。

61

油豆腐皮煎饺

材料		用量	预处理
油豆腐皮		4片	切成两半，叠成袋状
A	猪肉馅	200克	
	香油	2小勺	
	酱油	1小勺	
	胡椒	少许	切碎，撒1/4小勺盐，变软后挤出水分
B	白菜	200克	
	大葱	1/4根	切末
	韭菜	30克	切碎
	姜	1/4块	
	蒜	1/4瓣	切末

减糖重点

饺子皮含糖量高，所以用油豆腐皮代替。煎好后香气四溢，能得到和吃饺子皮时同样的满足感。

普通煎饺
1人份含糖量
38.5克

减少
96%

1人份
含糖量
1.4克
271千卡

保存
冷藏约 **3** 天
冷冻 **3** 周

食用时切成两半，可以根据喜好淋醋和酱油

做法

1 将材料 A 充分搅拌，加入材料 B，继续搅拌。

2 将步骤 1 的食材分成 8 等份，放入油豆腐皮中。

3 摆放在平底锅上，煎制。

将步骤2的食材摆在平底锅中，锅热后倒入50毫升水。盖上盖子，小火煎8分钟后翻面，两面都煎成焦黄色。

亮点是代替饺子皮的油豆腐皮，口感酥脆

番茄虾仁

减糖重点

减少含糖量高的番茄酱的用量。

用来增加黏稠度的淀粉同样是让含糖量上升的重要因素，因此要减少用量。

材料（4人份）

材料		用量	预处理
虾（小个）		500克	去壳、去虾线，擦干水
圣女果		8个（约100克）	切成两半
A	大葱	1/4根	切碎
	姜	1/2块	
	蒜	1/2瓣	
	豆瓣酱	1小勺	
B	盐、胡椒	各少许	
	淀粉	1/2大勺	
C	番茄酱	2大勺	充分混合
	醋、酱油	各1小勺	
	白砂糖	1/2小勺	
	盐、胡椒	各少许	
香油		1大勺	

普通番茄虾仁
1人份含糖量
15.7克

减少
63%

1人份
含糖量
5.8克
142 千卡

保存
冷藏约 **3** 天
冷冻 **3** 周

做法

1 将材料B裹在虾上，油热后放进平底锅翻炒。

2 虾变色后加入材料A，继续翻炒。

3 炒出香味后加入材料C和圣女果翻炒。

汤汁变黏稠即完成。

撒在虾仁上的少量淀粉充分吸收了香味，并且增加了黏稠度

魔芋粉丝沙拉

材料（4人份）

材料		用量	预处理
鸡蛋		2个	
白萝卜		100克	切丝
黄瓜		1根	
盐		适量	
A	魔芋粉丝	200克	切成方便食用的长度，焯水后放凉
	火腿	3片	
	姜	2片	切丝
B	醋	2大勺	
	香油	1大勺	
	白砂糖、酱油	各1/2大勺	
	盐	少许	
色拉油		少许	

做法

1 做鸡蛋丝。

鸡蛋打散，加少许盐搅拌。油热后将蛋液倒入平底锅，铺开呈薄薄一层蛋皮，煎熟，冷却后切丝。

2 用盐腌制白萝卜和黄瓜。

将白萝卜和黄瓜放进碗中，撒少许盐后混合，变软后挤出水分。

3 将材料 B 放入碗中混合，与食材拌匀。

调味汁做好后，加入步骤1、2的食材和材料A，搅拌均匀。

普通粉丝沙拉
1人份含糖量
25.3克

◆减少◆
◆89%◆

1人份
含糖量
2.9克
120 千卡

保存
冷藏
约 **3** 天

搭配鸡蛋和火腿，让清淡的魔芋粉丝变成令人满足的料理

麻婆油豆腐

控制勾芡的淀粉用量，用豆瓣酱代替有甜味的甜面酱调味。用油豆腐代替普通豆腐，口感会更好。

材料（4人份）

	材料	用量	预处理
A	油豆腐	2块	过热水、去油，切成1.5厘米见方的小块
	大葱	1/4根	切碎
	豆瓣酱	1小勺	
	韭菜	50克	切成3厘米长的小段
B	猪肉馅	200克	
	姜	1/2块	切碎
	蒜	1/2瓣	
汤汁	鸡骨浓汤宝	1/2小勺	
	酱油	1大勺	
	水	100毫升	
	淀粉	1小勺	
	色拉油	1大勺	
	香油	1小勺	

普通麻婆豆腐
1人份含糖量
10.8克

减少
79%

1人份
含糖量
2.3克
318千卡

保存
冷藏
约**3**天

做法

1 平底锅中倒入色拉油，油热后炒材料B。

炒出香味。

2 加入材料A后继续翻炒，加入汤汁煮沸。

3 用水溶解淀粉勾芡，加入韭菜和香油拌匀。

以1：2的比例混合淀粉和水，快速搅拌。

油豆腐水分少，所以不会煮烂，并且方便保存

只用一种蔬菜做成的快手小菜

减糖咸菜、腌菜

腌芜菁

1/6 份
含糖量
1.4克
46 千卡

保存
冷藏
约 **5** 天

用柠檬汁和橄榄油增加清爽感

材料（方便制作的量）

芜菁.........................3个
芜菁叶.......................50克
盐..........................1/4小勺
A ｜ 橄榄油..................2大勺
｜ 柠檬汁..................1小勺
｜ 盐.....................1/3小勺

做法

1 将芜菁纵向切成2毫米厚的片，芜菁叶切小块，一起放入碗中混合，撒盐后静置10分钟左右，挤出水分。
2 在碗中将材料A搅拌均匀，加入步骤1的食材后腌制15分钟以上。

孜然腌紫甘蓝

材料（方便制作的量）

紫甘蓝.........................1/2个（500克）
盐.............................1/3小勺
A ｜ 橄榄油....................2大勺
｜ 白葡萄酒醋（可用白醋代替）....1大勺
｜ 盐、孜然....................各1/2小勺

1/6 份
含糖量
3.1克
61 千卡

保存
冷藏
约 **5** 天

利用香料让味道产生变化

做法

1 切掉紫甘蓝的梗，剩余部分切丝。放入碗中，撒盐后静置10分钟，挤出水分。
2 在碗中将材料A充分搅拌，加入步骤1的食材后混合，腌制10分钟以上。

蒜泥黄瓜

1/6 份
含糖量
1.0克
7 千卡

保存
冷藏
约 **5** 天

只需要3种材料

材料（方便制作的量）

黄瓜...........................3根
A ｜ 盐.......................1小勺
｜ 蒜末......................1/4瓣的量

做法

1 将黄瓜切成1.5厘米厚的块。
2 将步骤1的食材和材料A装入保鲜袋中，充分揉匀，挤出空气后封口，冷藏腌制3小时以上。

我们吃饭时不会食用腌咸菜的汤汁，所以就算放入少量白砂糖，也不用在意其中的糖分。本专栏介绍只用一种蔬菜就能做成的快手小菜。

咖喱菜花

口感微甜，有咖喱的香味

1/10 份
含糖量
3.1克
20 千卡

保存
冷藏
约 **7** 天

材料（方便制作的量）

菜花............ 1个（净重350克）
A | 百里香（可省）......2～3根
  | 白醋、水.........各150毫升
  | 白砂糖 5大勺
  | 咖喱粉 2小勺
  | 盐 1小勺

做法

1 将菜花分成小朵，充分浸泡在热水中，煮3分钟左右。

2 将材料A放入干净的保鲜瓶中，充分混合。菜花沥水，趁热放入保鲜瓶中，晾至温热后冷藏腌制半天以上。

盐腌小松菜

生着腌制的小松菜

材料（方便制作的量）

小松菜 ....1大捆（250克）
姜丝 2块的量
盐 1小勺

1/10 份
含糖量
0.2克
4 千卡

保存
冷藏
约 **5** 天

做法

1 将小松菜切成4厘米长的小段。

2 将小松菜、姜丝和盐装进保鲜袋中揉匀，冷藏腌制30分钟以上。食用时轻轻挤出水分。

中式腌白萝卜

1/8 份
含糖量
1.6克
32 千卡

保存
冷藏
约 **5** 天

醋味很浓，酸爽香脆

材料（方便制作的量）

白萝卜 ....小半根（400克）
盐 1/4小勺
A | 红尖椒圈......................1根的量
  | 酱油、醋、香油 各1½大勺

做法

1 将白萝卜切成1厘米宽、5厘米长的条，放入碗中，撒盐后静置5分钟左右，挤出水分。

2 将白萝卜条和材料A放入保鲜袋中揉匀，挤出空气后封口，冷藏腌制30分钟以上。

减糖主食

米饭、面食以及使用面粉制作的粉类等主食含糖量高，在减糖瘦身时不得不放弃。不过只要稍稍下些功夫，就能做出大幅降低含糖量的主食。

什锦烧

材料（8块）		预处理
豆腐渣	150克	
鸡蛋	3个	
A 面粉	50克	
鲣鱼片	1/2袋（2克）	
水	100毫升	
猪肉片（大腿或里脊肉）	150克	切成1厘米宽的条
白菜	4片	切成两三厘米长的丝
大葱	1/4根	切丁
色拉油	2小勺	

普通什锦烧
1人份含糖量
43.0克

✦ 减少 ✦
93%

1人份
含糖量
3.1克
63 千卡

保存
冷藏约 **3** 天
冷冻 **3** 周

有效利用豆腐渣，减少面粉用量，就能降低93%的糖分

1 炒出豆腐渣中的水分，盛出后放至温热。

小火翻炒，水分充分蒸发后即可盛出。

2 将鸡蛋打散，加入材料 A 和豆腐渣搅拌，然后加白菜和大葱继续搅拌。

食用时淋上酱油和蛋黄酱，还可以根据喜好加入红姜丝。

3 油热后放入步骤 2 的食材，摆上猪肉片，两面分别煎四五分钟。

每个什锦烧用1大勺面糊。中火煎，翻面后盖上盖子。

魔芋丝拌饭

减糖重点 加入大量魔芋丝来增加分量，所以4人份的料理只需要180克米。调味料中也减少了白砂糖的用量，味道清淡。

材料（4人份）

材料	用量	预处理
米	180克	淘洗干净
魔芋丝	200克	焯水后切成1厘米长的小段
A 油豆腐	1片	去掉多余油脂后切细丝
舞茸	1包	
小松菜	100克	分成小朵
B 酱油	1大勺	切成2厘米长的小段
白砂糖	1小勺	
盐	少许	
香油	1大勺	

做法

1 将米、水和魔芋丝放入电饭锅中。

水量和米的用量相同。

2 平底锅热油，将材料A炒软后加入材料B，搅拌均匀。

3 将步骤2的食材加入步骤1的食材中，搅匀，蒸熟。

充分搅拌后盖上盖子，蒸饭。

普通拌饭
1人份含糖量
71.6克

减少
58%

1人份
含糖量
30.4克
208千卡

保存
冷藏
约**3**天

魔芋丝和米饭放在一起，一眼看上去几乎分辨不出来

南国风味炒面

减糖重点 使用超市里买的魔芋面，并且选择含糖量低的食材作为配菜，大幅减糖。不使用调味酱汁，而是用鱼露做出很受欢迎的南国风味。

材料（4人份）

材料	用量	预处理
魔芋面	3袋	控干水分
猪腿肉片	200克	切成适口大小
A 大葱	1/4根	切片
蒜	2片	
红甜椒	1/4个	切丝
豆芽	100克	
樱虾	1大勺	切丁
韭菜	40克	切成3厘米长的小段
B 鱼露	1大勺	
咖喱粉	1小勺	
盐、胡椒	各少许	
色拉油	1大勺	

普通炒面
1人份含糖量
71.8克

减少
98%

1人份
含糖量
1.7克
164千卡

保存
冷藏
约**3**天

做法

1 平底锅热油，将猪腿肉片翻炒变色后加入材料A，继续翻炒。

2 所有食材变软后加入魔芋面，继续翻炒。

> 炒至配菜入味，面条变热为止。

3 加入材料B和韭菜，迅速翻炒几下。

使用了魔芋面，糖分一下减少了98%

豆腐渣蒸糕

制作减糖蒸糕的难点在于控制面粉的用量。要使用豆腐渣，减少面粉的用量，同时要选择含糖量低的培根和芝士作为馅料，馅料也可以随口味改变。

材料（4人份）		预处理
鸡蛋	2个	
A 豆腐渣	100克	切成5毫米见方的小丁
培根	1片	
面粉	50克	充分混合
发酵粉	1小勺	
黑胡椒碎	少许	
B 牛奶	5大勺	
帕尔玛芝士	2大勺	
橄榄油	1大勺	
白砂糖	1/2大勺	
盐	少许	
色拉油	少许	涂在容器内侧

做法

1 将鸡蛋打散，加入材料 B 后充分搅拌。

2 加入材料 A 后继续搅拌。

搅拌时要使用橡胶刮刀。

3 倒入耐热容器中，上蒸锅蒸。

蒸锅中平行放置2根筷子，然后放入容器，大火蒸13分钟左右。

普通蒸糕
1人份含糖量
21.3 克

减少
43%

1 人份
含糖量
12.2 克
196 千卡

保存
冷藏约 **3** 天
冷冻 **3** 周

减少面粉用量，用豆腐渣做出的减糖蒸糕。可以当早餐

Part 3

常备减糖
下酒菜

柠檬味豆芽炒香肠

1人份
含糖量
3.2克
172千卡

保存
冷藏
约**3**天

柠檬的酸味和香气与起泡酒是绝配

材料（4人份）		预处理
小香肠 8根		纵向切成两半
豆芽 ....1袋（200克）		
柠檬 1/2个		切成角
A 干罗勒 1/2大勺		
盐 1/4小勺		
黑胡椒碎 ....少许		
橄榄油 1大勺		

1 热油，翻炒小香肠。

炒到小香肠散发出香
味，颜色焦黄为止。

2 加入豆芽和柠檬后继续翻炒。

减糖重点

使用大量含糖量低的豆芽。
柠檬和罗勒的味道是很好的
点缀，即使简单调味也能令
人十分满足。

大火快速翻炒几下。

3 用材料 A 调味。

青柠炸鸡翅

1人份 含糖量 **1.0**克 273千卡	保存 冷藏 约**5**天

冻豆腐做的面衣和
蛋黄酱能有效减少糖分

材料（4人份）

鸡翅..............................12根 •	▐ 撒1/2小勺盐和少许胡椒
扁豆..............................50克 •	▐ 切成2段
青柠（小个）....................1个 •	▐ 切薄片
冻豆腐......................1½块（24克）•	▐ 碾碎
A 蛋黄酱..........................4大勺	
酱油..............................1/2大勺	
色拉油..............................适量	

预处理

1 在鸡翅表面充分裹上冻豆腐。

减糖重点

经常用作炸物面衣的面包粉含糖量高，因此要用碾碎的冻豆腐代替，炸的时候想用多少用多少。

2 用 160℃ 的油依次炸扁豆和鸡翅。

扁豆炸1分钟左右后盛出。放入鸡翅，一边翻面一边炸8分钟左右。

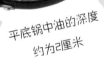

平底锅中油的深度约为2厘米

青柠清新爽口

3 将材料 A 放入碗中混合，依次加入步骤 2 的食材和酢橘，拌匀。

将步骤2食材上的油沥干后趁热加入，搅拌均匀后加入青柠。

金枪鱼水芹鸡蛋沙拉

鸡蛋是最适合制作减糖料理的食材，大致分成 4 块后存在感也很强。调味用的是含糖量低的蛋黄酱。

材料（4人份）

水煮蛋	5个	用手大致分成4块
水芹	1把	取叶子
金枪鱼罐头	1小罐（70克）	沥干汤汁
A 蛋黄酱	3大勺	
柠檬汁	1小勺	
盐、胡椒	各少许	

预处理

1 人份
含糖量
0.5克
209 千卡

保存
冷藏
约 **4** 天

做法

1 将材料 A 放进碗中，拌匀。

2 加入水煮蛋、水芹和金枪鱼后随意搅拌几下。

使用含糖量低的鸡蛋做出的大分量沙拉

蒜蓉虾

材料（4人份）

虾（小个）		16只
蒜		3瓣
A	盐	1/3小勺
	胡椒	少许
	欧芹	3大勺
黄油		30克

预处理

去壳，留尾。在背部轻轻划一刀，去虾线

切碎

切碎

1人份
含糖量
1.0克
111 千卡

保存
冷藏
约**3**天

做法

1 在平底锅中化开黄油，炒蒜蓉。

炒出香味，炒至蒜蓉微微上色为止。

2 加入虾翻炒。

炒至虾变红即可。

3 加入材料 A，迅速翻炒几下。

黄油和蒜蓉香气四溢，绝好的下酒菜

中式茄条拌火腿

茄子属于含糖量较低的蔬菜，搭配含糖量低的烤火腿。不用白砂糖，而是用香油、盐和胡椒调味。

材料（4人份）

茄子.............4个（320克）
烤火腿 4片
A | 香油............1½大勺
   | 盐 2/3小勺
   | 胡椒.................少许

预处理

用削皮器在皮上刮出纹路

切成5毫米宽的条

做法

1 将茄子分别用耐热保鲜膜包裹，放入微波炉加热。

> 放在耐热盘中，在微波炉中加热5分钟左右。

2 加热后连保鲜膜一起放进冷水中冷却，然后撕成条。

> 冷却后揭开保鲜膜，撕成适口大小。

3 在碗中将材料 A 拌匀，然后放入茄条和烤火腿拌匀。

1人份
含糖量
2.4克
97千卡

保存
冷藏
约**4**天

只需要用微波炉加热茄子，然后凉拌即可

辣味甜椒豆

材料（4人份）

材料	用量	预处理
猪肉馅	250克	
红甜椒	1/2个	切成1厘米见方的小丁
青椒	4个	见方的小丁
水煮黄豆罐头	2罐（240克）	
蒜	1瓣	切碎
A 番茄沙司	6大勺	
盐	3/4小勺	
辣椒面	1/2小勺	
胡椒、辣椒油	各少许	
橄榄油	1大勺	

做法

1 平底锅中倒油，放入蒜炒出香味，放入猪肉馅翻炒。

一边翻动一边炒，炒至肉变色为止。

2 加入红甜椒和青椒，将所有食材翻炒均匀。

3 加入水煮黄豆和材料A，翻炒后煮入味。

翻炒两三分钟，然后煮入味。

1人份
含糖量
4.5克
288 千卡

保存
冷藏约 **5** 天
冷冻 **3** 周

用含糖量低的食材做出辣味十足的料理

腌熏鲑鱼拌芹菜

腌熏鲑鱼大多会搭配洋葱，这份菜谱中换成了芹菜，来达到减糖的目的。

材料（4人份）

腌熏鲑鱼	100克
芹菜	1根
柠檬	1/4个
A 柠檬汁	1大勺
橄榄油	3大勺
盐	1/3小勺
胡椒	少许

预处理

用削皮器削成薄片

切角

做法

1 将材料A搅拌均匀。

2 加入腌熏鲑鱼、芹菜和柠檬，拌匀。

腌制5分钟左右即可。

1人份	保存
含糖量 **1.3**克	冷藏 约 **4** 天
131 千卡	

柠檬的味道很爽口。有效利用芹菜来减糖

一口香油淋鸡

用含糖量低的黄豆粉代替糖分较高的面粉和淀粉，与鸡蛋和水混合后做成面衣。

材料

鸡腿肉	....	2块（500克）
A	黄豆粉	3/4杯（55克）
	蛋液	1个鸡蛋的量
	水	3大勺
B	大葱	1/2根
	姜	1块
	酱油、醋、香油	各1小勺
色拉油	....	适量

预处理

切成适口大小，撒1/2小勺盐和少许胡椒

切碎

做法

1 在碗中将材料 A 搅拌均匀，加入鸡腿肉继续搅拌。

2 在 170℃的热油中放入鸡腿肉，油炸。

> 裹好面衣后放入热油中，一边翻面一边炸4分钟左右，沥去多余油。

3 将材料 B 放在干净的瓶子中，搅拌均匀，与鸡肉分开保存。

> 食用时，将大葱酱汁淋在鸡肉上。

1人份	保存
含糖量 **3.9**克	冷藏 约 **5** 天
554 千卡	

大葱酱汁呈现出中式风味。重点是用含糖量低的黄豆粉做面衣

可以根据喜好撒辣椒粉

青椒炸豆腐拌鲣鱼海带

材料（4人份）

A	炸豆腐	1块（250克）
	青椒	4个
	咸海带丝	3勺（15克）
B	香油	2大勺
	盐	1撮
鲣鱼干		1袋（3克）

预处理

切成适口大小

纵向切成两半，然后横向切成5毫米宽的丝

做法

1 将材料 A 放入耐热碗中，倒入材料 B。

> 选择直径20厘米左右的耐热碗。

2 盖上耐热保鲜膜后放入微波炉加热。

> 用微波炉加热3分钟左右。

3 揭开保鲜膜，加入鲣鱼干后搅拌几下。

1人份
含糖量
1.9克
162 千卡

保存
冷藏
约**4**天

用咸海带调味，可以做成便当

辣白菜章鱼拌黄瓜

含糖量低的章鱼很适合作为下酒菜。香油的含糖量也较低，是重要的调味品。

材料（4人份）

黄瓜	2根（200克）	切成1厘米厚的片
盐	1/3小勺	
A 煮章鱼（足）	200克	切成适口大小
辣白菜	80克	切成适口大小
香油	1½大勺	
盐	1撮	
胡椒	少许	

预处理

做法

1 黄瓜撒盐后揉搓。

在黄瓜上撒盐，揉搓5分钟左右后挤出水分。

2 碗中放入材料 A 和黄瓜后搅拌。

1人份
含糖量
2.0克
107 千卡

保存
冷藏
约**3**天

只需切好后搅拌，
简单快手的减糖下酒菜

减糖零食

在控制糖分摄取的减肥过程中，通常人们想要避开含糖量高的白砂糖和面粉，于是会为无法享用甜点而烦恼。其实只要在甜味剂和食材上下功夫，就能做出充分控制糖分的甜点。

烤布丁

材料（容量800毫升的容器1个）		预处理
鸡蛋	3个	
罗汉果粉末	60克	
A 牛奶	300毫升	
鲜奶油	100毫升	
香草精	少许	
果子露 罗汉果粉末	4大勺	
速溶咖啡	1小勺	
水	50毫升	
黄油	少许	涂在耐热容器内侧

搭配咖啡果子露，
味道浓郁

※不加果子露时
1/6 份
含糖量
13.1克
152 千卡

保存
冷藏
约**3**天

做法

1

打散鸡蛋，加入罗汉果粉末后搅拌，加入材料 A，搅拌均匀。

搅拌至顺滑为止。

减糖重点

布丁的主要材料——鸡蛋、牛奶和鲜奶油的含糖量很低，问题在于白砂糖。使用天然甜味剂罗汉果的话，不会造成血糖值上升，同样可以保持糖分为零。

2

倒入耐热容器中，在 160℃ 预热的烤箱中烤 30 分钟，取出后冷却。

将容器放在铺好烘焙纸的烤盘上，烤盘中倒入1厘米深的热水后放进烤箱。如中途表面出现焦黄色，可以盖上铝箔纸。

盛在容器中，
淋上果子露

※果子露的含糖量为36.5克，热量为3千卡。

3

混合果子露的材料，放进微波炉中加热。

将制作果子露的材料放进耐热碗中，不盖保鲜膜，在微波炉中加热1分40秒。

烤冻豆腐
脆饼2款

保存
常温
约**3**天

用冻豆腐代替面包，
做出含糖量低的香脆饼干

咖喱味
3个
含糖量
0.4克
27千卡

肉桂味
3个
含糖量
2.3克
26千卡

材料（方便制作的量）

冻豆腐 2块
A 牛奶........................... 3大勺
黄油........................... 2小勺
罗汉果粉末 1/2小勺
B 咖喱粉 1/2小勺
盐 1/6小勺
C 罗汉果粉末 1大勺
水 1小勺
肉桂粉 ....少许

预处理

用温水浸泡后挤干水分，
切成2毫米厚的薄片

减糖重点

用冻豆腐（2块的含糖量为0.5克）代替含糖量高的面包。咖喱味的含糖量比肉桂味更低。

Memo

- 烤制时间需要根据冻豆腐的含水量进行调整，烤到整体变成浅焦黄色、口感变脆即可。因为烤盘不同位置的加热程度不同，不时翻面并烤制10分钟左右后可以取出冻豆腐片查看。

- 冻豆腐片容易受潮，要放在加入干燥剂的密封袋中保存。

做法

1 将材料 A 放入耐热容器中，用微波炉加热后放入冻豆腐。

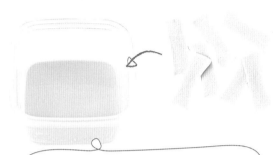

不盖保鲜膜，在微波炉中加热20秒。放入冻豆腐后静置15分钟。

2 沥干步骤 1 食材中的汁水，摆在烤盘上，放入烤箱烘烤。

在烤盘上铺好烘焙纸，在150℃预热的烤箱中两面各烤15分钟。

3 在一半冻豆腐片上撒上材料 B。将材料 C 煮开后倒入剩余的冻豆腐片，拌匀后撒上肉桂粉。

一定要在冻豆腐片烤好后再煮材料C。

柠檬奶酪蛋糕

省略含糖量高的蛋糕坯。只用芝士的话，含糖量在可接受范围之内。因为使用了大量鲜奶油，所以让人很有满足感。

材料（容量800毫升的容器1个）		预处理
奶油芝士	200克	室温下放置
鲜奶油	200毫升	打出泡沫
明胶粉	8克	
A 罗汉果液	60克	
柠檬汁	1½大勺	
柠檬皮（黄色部分）	少许	擦碎
香草精	少许	

1/6 份
含糖量
12.2克
273 千卡

保存
冷藏约 **3** 天
冷冻 **2** 周
分成小份后冷冻

做法

1 在 2 大勺水中加入明胶粉，在微波炉中加热、化开。

不盖保鲜膜，用微波炉加热15秒。

2 搅拌奶油芝士，将材料 A、明胶、打发的鲜奶油依次加入并搅拌。

奶油芝士变软后加入材料A，充分搅拌后加入剩余材料。

3 倒入容器中，放入冷藏室凝固。

2小时左右之后可以凝固。

通过省略蛋糕坯来控制含糖量，柠檬味呈现出清爽的口感

杏仁酥饼

材料(方便制作的量)

杏仁片		50克
A	罗汉果粉末	5大勺
	黄油	2小勺
	水	1/2大勺

做法

1 将杏仁片平铺在烤盘上,放入160℃预热的烤箱中烘烤。

> 烤10分钟左右。

2 将材料A放入锅中,煮化。

3 放入杏仁片后迅速搅拌,铺在厨房用纸上冷却、凝固。

> 冷却后分成方便食用的大小。

1/6 份
含糖量
8.4克
59 千卡

保存
常温
约 **2** 天

去掉下层饼干坯的减糖版杏仁酥饼,充分享受杏仁的香味

食材含糖量、热量表

沿虚线剪下，可以方便保存！

这张表中总结了常用食材的含糖量和热量值，请在减糖瘦身时作为参考。

※表中显示的含糖量只包括可食用部分。

meat 肉类

牛肩肉（含肥肉）	牛腿肉	猪里脊肉	猪腿肉
含糖量 0.2克	含糖量 0.4克	含糖量 0.2克	含糖量 0.2克
100克 318千卡	100克 209千卡	100克 263千卡	100克 183千卡

猪五花肉	猪肉馅	鸡腿肉（带皮）	鸡胸肉（带皮）	鸡翅
含糖量 0.1克	含糖量 0.1克	含糖量 0克	含糖量 0.1克	含糖量 0克
100克 395千卡	100克 236千卡	100克 204千卡	100克 145千卡	100克 131千卡

鸡肉馅	羊肉	培根	维也纳香肠	烤火腿
含糖量 0克	含糖量 0.2克	含糖量 0.3克	含糖量 3.0克	含糖量 1.3克
100克 186千卡	100克 310千卡	100克 405千卡	100克 321千卡	100克 196千卡

seafood, seaweed 鱼贝类、海藻

竹荚鱼	秋刀鱼	青花鱼	鳕鱼
含糖量 0.1克	含糖量 0.1克	含糖量 0.4克	含糖量 0.1克
150克 85千卡	150克 334千卡	120克 296千卡	80克 62千卡

鲑鱼	金枪鱼	乌贼	章鱼（煮）	对虾
含糖量 0.1克	含糖量 0.2克	含糖量 0.2克	含糖量 0.2克	含糖量 0克
80克 106千卡	160克 200千卡	300克 174千卡	150克 149千卡	40克 17千卡

牡蛎	水煮青花鱼罐头	煮青花鱼味噌罐头	金枪鱼罐头（腌鱼片）	裙带菜（干燥）
含糖量 0.3克	含糖量 0.4克	含糖量 12.5克	含糖量 0.1克	含糖量 0.3克
带壳20个（200克）24千卡	190克 361千卡	190克 412千卡	80克 214千卡	5克 7千卡

裁切线

egg, dairy products 蛋、乳制品

食品	含糖量	分量	热量
鸡蛋	0.2克	1个（50克）	76千卡
牛奶	10.1克	1杯（200毫升）	141千卡
黄油	0克	1大勺（12克）	89千卡
鲜奶油	0.5克	1大勺（15克）	65千卡
原味酸奶	10.3克	1杯（200毫升）	130千卡
加工芝士	0.3克	1块（20克）	68千卡
比萨用芝士	0.7克	50克	170千卡
芝士粉（帕尔玛）	0.1克	1大勺（6克）	29千卡
奶油芝士	2.3克	100克	346千卡

processed soybeans 豆制品

食品	含糖量	分量	热量
绢豆腐	5.1克	1块（300克）	168千卡
木棉豆腐	3.6克	1块（300克）	216千卡
炸豆腐	0.3克	1块（150克）	225千卡
油豆腐皮	0.2克	1张（20克）	82千卡
豆腐渣	1.8克	80克	89千卡
纳豆	2.7克	1包（50克）	100千卡
豆浆	6.1克	1杯（200毫升）	97千卡
炸豆腐丸子	0.2克	1个（80克）	182千卡
水煮黄豆罐头	0.9克	100克	140千卡

carbohydrates 碳水化合物

食品	含糖量	分量	热量
米饭	55.2克	1碗（150克）	252千卡
切片面包	19.9克	1片（45克）	117千卡
荞麦面（生）	72.5克	1把（140克）	384千卡
意大利面（熟）	57.6克	1份（190克）	314千卡
中式面条（生）	64.3克	1把（120克）	337千卡
粉丝	33.4克	1/2袋（40克）	142千卡
乌冬面（熟）	49.9克	1把（240克）	252千卡
面粉	6.6克	1大勺（9克）	33千卡
淀粉	7.3克	1大勺（9克）	30千卡

fruits, nuts 水果、坚果

食品	含糖量	分量	热量
草莓	1.0克	1颗（15克）	5千卡
苹果	30.0克	1个（250克）	121千卡
香蕉	19.3克	1根（150克）	77千卡
橘子	8.8克	1个（100克）	37千卡
牛油果	1.6克	1个（250克）	327千卡
花生（带壳）	2.1克	10个（25克）	103千卡
杏仁	1.6克	10粒（15克）	88千卡
核桃	3.4克	10粒（80克）	539千卡
腰果	3.0克	10粒（15克）	86千卡

裁切线

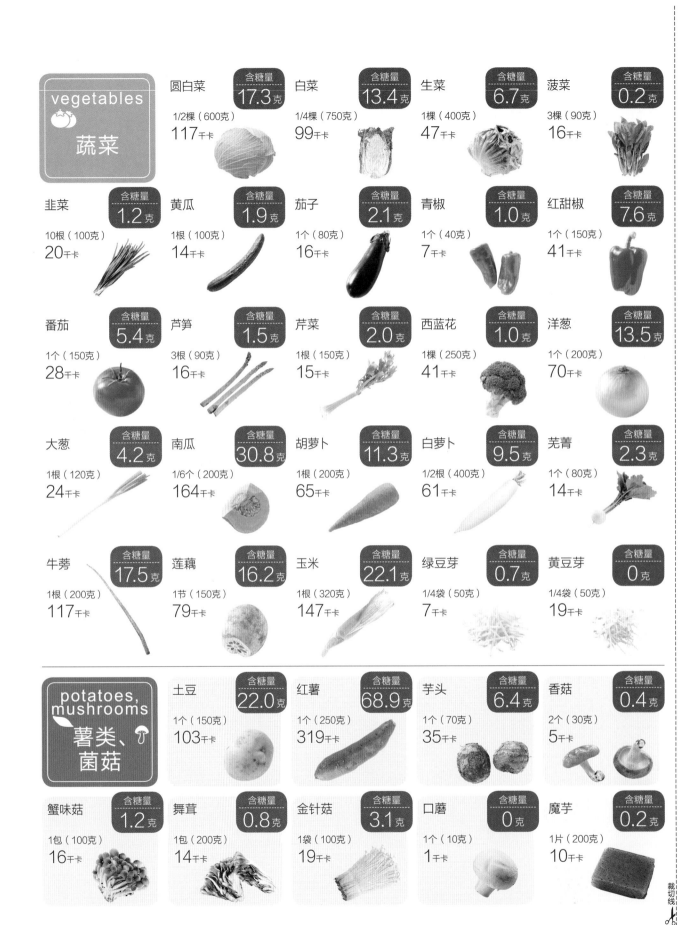

vegetables
蔬菜

圆白菜 含糖量 **17.3**克
1/2棵（600克）
117千卡

白菜 含糖量 **13.4**克
1/4棵（750克）
99千卡

生菜 含糖量 **6.7**克
1棵（400克）
47千卡

菠菜 含糖量 **0.2**克
3棵（90克）
16千卡

韭菜 含糖量 **1.2**克
10根（100克）
20千卡

黄瓜 含糖量 **1.9**克
1根（100克）
14千卡

茄子 含糖量 **2.1**克
1个（80克）
16千卡

青椒 含糖量 **1.0**克
1个（40克）
7千卡

红甜椒 含糖量 **7.6**克
1个（150克）
41千卡

番茄 含糖量 **5.4**克
1个（150克）
28千卡

芦笋 含糖量 **1.5**克
3根（90克）
16千卡

芹菜 含糖量 **2.0**克
1根（150克）
15千卡

西蓝花 含糖量 **1.0**克
1棵（250克）
41千卡

洋葱 含糖量 **13.5**克
1个（200克）
70千卡

大葱 含糖量 **4.2**克
1根（120克）
24千卡

南瓜 含糖量 **30.8**克
1/6个（200克）
164千卡

胡萝卜 含糖量 **11.3**克
1根（200克）
65千卡

白萝卜 含糖量 **9.5**克
1/2根（400克）
61千卡

芜菁 含糖量 **2.3**克
1个（80克）
14千卡

牛蒡 含糖量 **17.5**克
1根（200克）
117千卡

莲藕 含糖量 **16.2**克
1节（150克）
79千卡

玉米 含糖量 **22.1**克
1根（320克）
147千卡

绿豆芽 含糖量 **0.7**克
1/4袋（50克）
7千卡

黄豆芽 含糖量 **0**克
1/4袋（50克）
19千卡

potatoes, mushrooms
薯类、菌菇

土豆 含糖量 **22.0**克
1个（150克）
103千卡

红薯 含糖量 **68.9**克
1个（250克）
319千卡

芋头 含糖量 **6.4**克
1个（70克）
35千卡

香菇 含糖量 **0.4**克
2个（30克）
5千卡

蟹味菇 含糖量 **1.2**克
1包（100克）
16千卡

舞茸 含糖量 **0.8**克
1包（200克）
14千卡

金针菇 含糖量 **3.1**克
1袋（100克）
19千卡

口蘑 含糖量 **0**克
1个（10克）
1千卡

魔芋 含糖量 **0.2**克
1片（200克）
10千卡

裁切线

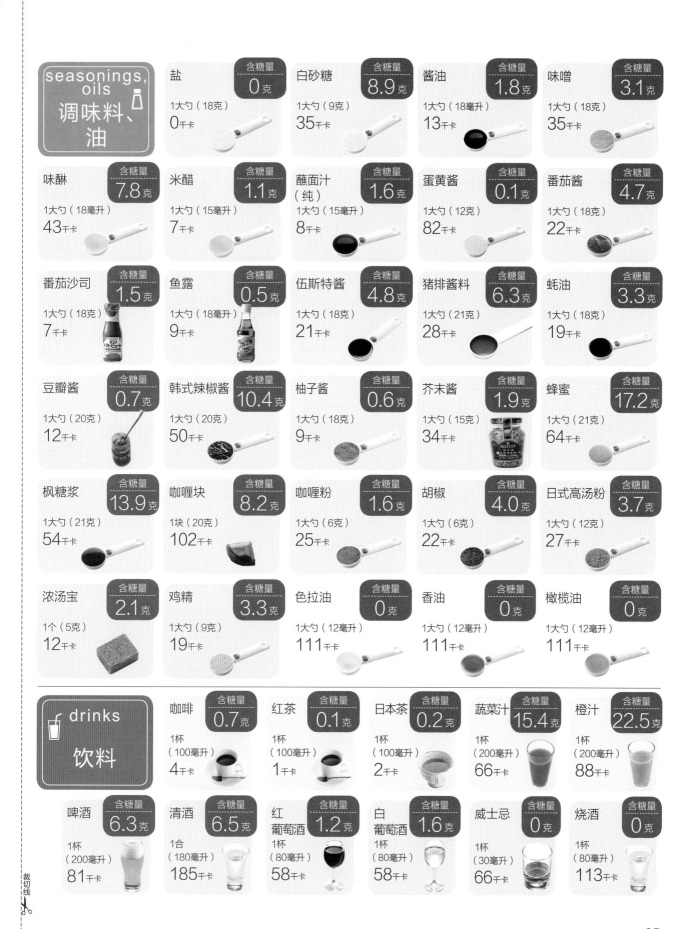

seasonings, oils 调味料、油

盐 含糖量 0克
1大勺（18克）
0千卡

白砂糖 含糖量 8.9克
1大勺（9克）
35千卡

酱油 含糖量 1.8克
1大勺（18毫升）
13千卡

味噌 含糖量 3.1克
1大勺（18克）
35千卡

味醂 含糖量 7.8克
1大勺（18毫升）
43千卡

米醋 含糖量 1.1克
1大勺（15毫升）
7千卡

蘸面汁（纯） 含糖量 1.6克
1大勺（15毫升）
8千卡

蛋黄酱 含糖量 0.1克
1大勺（12克）
82千卡

番茄酱 含糖量 4.7克
1大勺（18克）
22千卡

番茄沙司 含糖量 1.5克
1大勺（18克）
7千卡

鱼露 含糖量 0.5克
1大勺（18毫升）
9千卡

伍斯特酱 含糖量 4.8克
1大勺（18克）
21千卡

猪排酱料 含糖量 6.3克
1大勺（21克）
28千卡

蚝油 含糖量 3.3克
1大勺（18克）
19千卡

豆瓣酱 含糖量 0.7克
1大勺（20克）
12千卡

韩式辣椒酱 含糖量 10.4克
1大勺（20克）
50千卡

柚子酱 含糖量 0.6克
1大勺（18克）
9千卡

芥末酱 含糖量 1.9克
1大勺（15克）
34千卡

蜂蜜 含糖量 17.2克
1大勺（21克）
64千卡

枫糖浆 含糖量 13.9克
1大勺（21克）
54千卡

咖喱块 含糖量 8.2克
1块（20克）
102千卡

咖喱粉 含糖量 1.6克
1大勺（6克）
25千卡

胡椒 含糖量 4.0克
1大勺（6克）
22千卡

日式高汤粉 含糖量 3.7克
1大勺（12克）
27千卡

浓汤宝 含糖量 2.1克
1个（5克）
12千卡

鸡精 含糖量 3.3克
1大勺（9克）
19千卡

色拉油 含糖量 0克
1大勺（12毫升）
111千卡

香油 含糖量 0克
1大勺（12毫升）
111千卡

橄榄油 含糖量 0克
1大勺（12毫升）
111千卡

drinks 饮料

咖啡 含糖量 0.7克
1杯（100毫升）
4千卡

红茶 含糖量 0.1克
1杯（100毫升）
1千卡

日本茶 含糖量 0.2克
1杯（100毫升）
2千卡

蔬菜汁 含糖量 15.4克
1杯（200毫升）
66千卡

橙汁 含糖量 22.5克
1杯（200毫升）
88千卡

啤酒 含糖量 6.3克
1杯（200毫升）
81千卡

清酒 含糖量 6.5克
1合（180毫升）
185千卡

红葡萄酒 含糖量 1.2克
1杯（80毫升）
58千卡

白葡萄酒 含糖量 1.6克
1杯（80毫升）
58千卡

威士忌 含糖量 0克
1杯（30毫升）
66千卡

烧酒 含糖量 0克
1杯（80毫升）
113千卡

图书在版编目（CIP）数据

快手减糖瘦身餐／日本主妇之友社著；佟凡译. —北京：中国轻工业出版社，2021.1

ISBN 978-7-5184-2815-1

Ⅰ. ①快… Ⅱ. ①日…②佟… Ⅲ. ①减肥-菜谱 Ⅳ. ①TS972.161

中国版本图书馆 CIP 数据核字（2019）第 265234 号

责任编辑：胡 佳　责任终审：李建华　整体设计：锋尚设计

责任校对：晋 洁　责任监印：张京华

出版发行：中国轻工业出版社（北京东长安街6号，邮编：100740）

印　　刷：艺堂印刷（天津）有限公司

经　　销：各地新华书店

版　　次：2021年1月第1版第1次印刷

开　　本：889×1194　1/16　印张：6

字　　数：150千字

书　　号：ISBN 978-7-5184-2815-1　定价：48.00元

邮购电话：010-65241695

发行电话：010-85119835　传真：85113293

网　　址：http://www.chlip.com.cn

Email：club@chlip.com.cn

如发现图书残缺请与我社邮购联系调换

191363S1X101ZYW